런런 옥스퍼드 수학

2권

덧셈, 뺄셈, 나눗셈, 곱셈

차례

암산으로 덧셈과 뺄셈 하기 2
반올림으로 어림하기 4
큰 수의 덧셈 6
큰 수의 뺄셈 8
배수 10
약수 12
소수 14
제곱수 16
세제곱수 17
여러 가지 방법으로 곱셈과 나눗셈 하기 18
10, 100, 1000 곱하기와 나누기 20
곱셈 (1) 22
곱셈 (2) 24
나눗셈 26
나머지가 있는 나눗셈 28
혼합 문제 30
나의 실력 점검표 32
정답 33

암산으로 덧셈과 뺄셈 하기

1 수 모형이 나타내는 수에 다음 수를 더하면 얼마인가요? 빈 곳에 알맞은 수를 쓰세요.

기억하자!
자리를 잘 확인하고 더하거나 빼요.

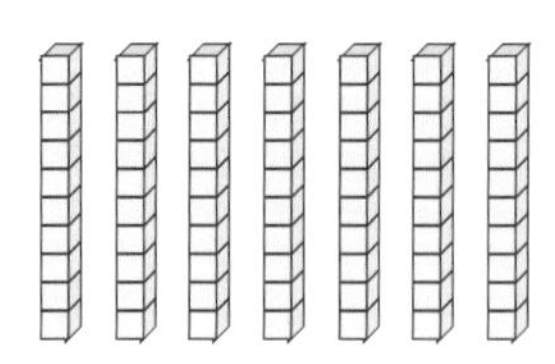
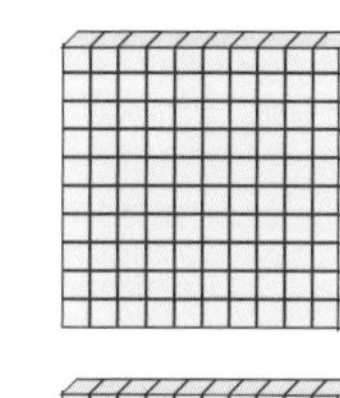
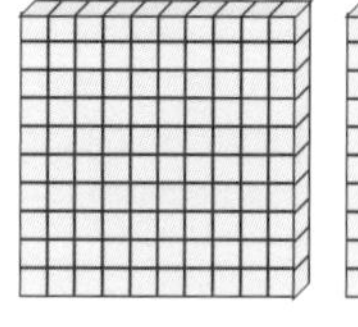
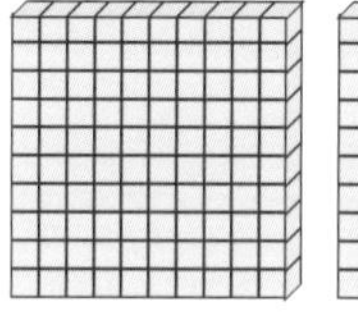
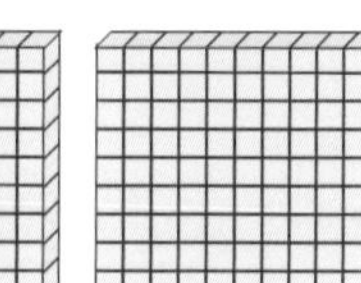
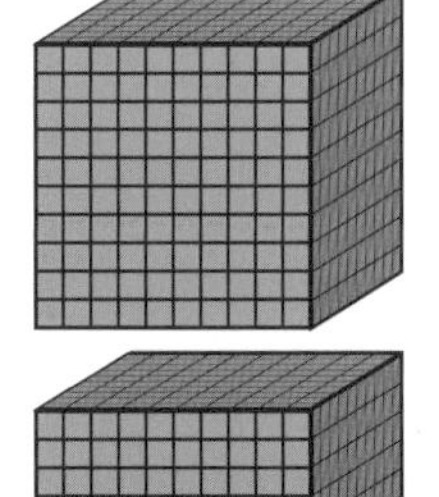
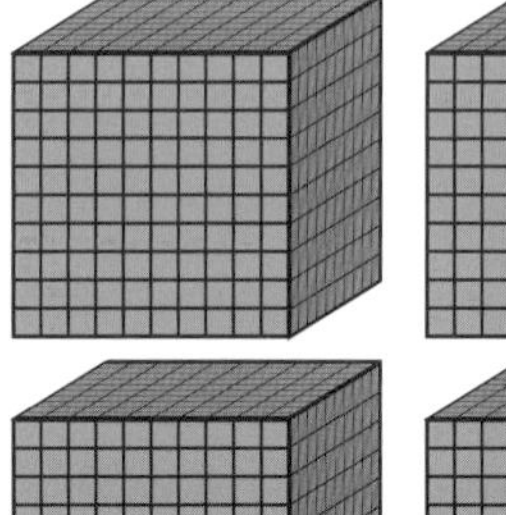
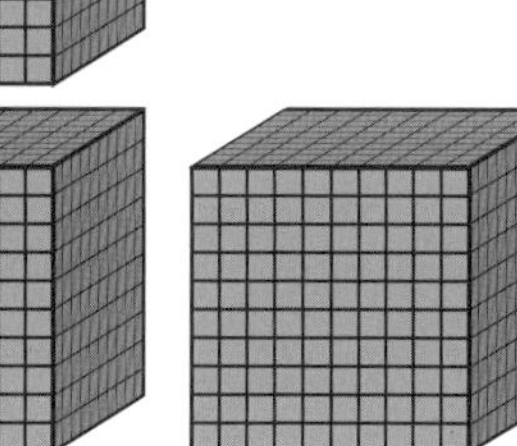
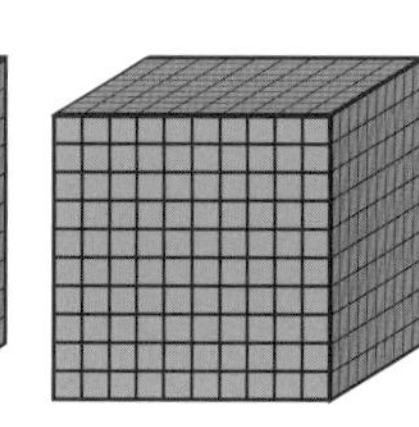
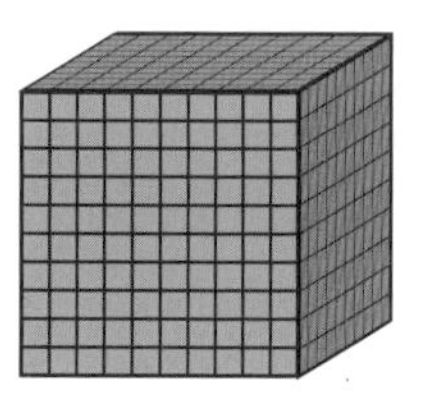

1 20을 더하면 9898 　　　　**2** 100을 더하면 ________

3 1000을 더하면 ________ 　　　　**4** 10000을 더하면 ________

5 50을 더하면 ________ 　　　　**6** 3000을 더하면 ________

2 다음 계산을 암산으로 해 보세요.

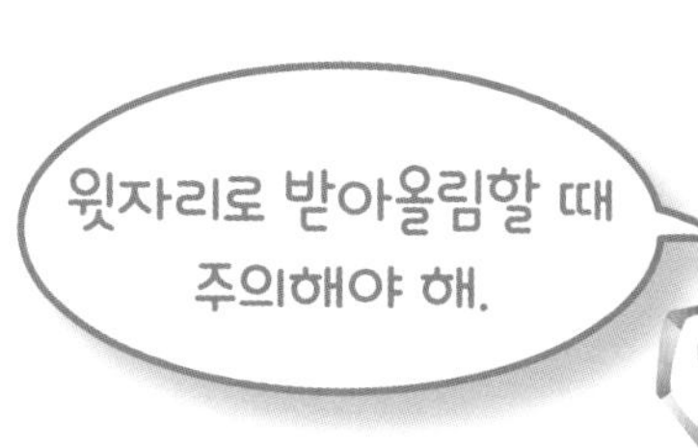

1 3078 + 910 = ________ 　　　　**2** ________ = 14750 + 5200

3 57193 + 3200 = ________ 　　　　**4** ________ = 201910 + 20020

5 47325 + 110100 = ________ 　　　　**6** ________ = 750300 + 49200

7 635200 + 62500 = ________ 　　　　**8** ________ = 555300 + 24600

3 수가 여행을 해요. 표를 알맞게 채우세요.

1 시작!	2 시작!	3 시작!
7320	49912	382091
먼저, 오백을 더해요.	먼저, 10900을 빼요.	먼저, 90을 더해요.
다음, 1420을 빼요.	다음, 칠백팔을 더해요.	다음, 250000을 빼요.
그다음, 12000을 더해요.	그다음, 3600을 빼요.	그다음, 사천백을 빼요.
마지막으로, 40을 빼요.	마지막으로, 120000을 더해요.	마지막으로, 80000을 더해요.

여행 끝!	여행 끝!	여행 끝!

4 다음 계산을 하세요.

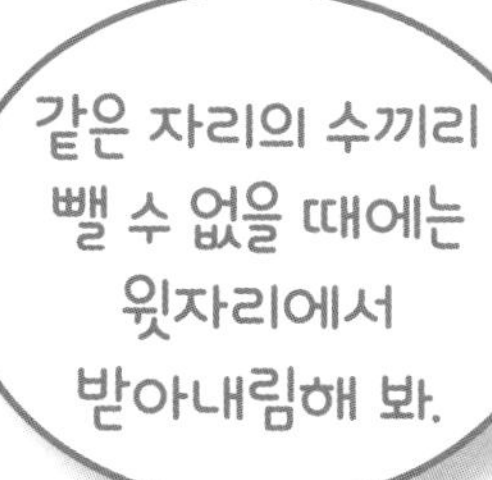

1. $7472 - 201 =$ ______
2. ______ $= 12056 - 7050$
3. $98190 - 9100 =$ ______
4. ______ $= 651430 - 3030$
5. $199900 - 100800 =$ ______
6. ______ $= 806700 - 7700$

체크! 체크!
받아내림을 바르게 했나요? ☐

문제를 다 푼 다음, 32쪽으로!

반올림으로 어림하기

1 반올림과 덧셈을 이용하여 다음 물건의 값을 어림해 보세요. 반올림하여 십만 자리까지 나타낸 다음 계산하세요.

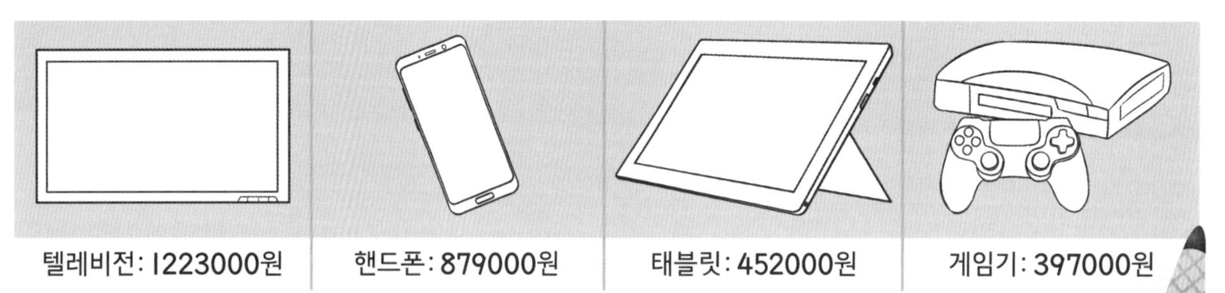

1 텔레비전과 태블릿의 값은 약 얼마인가요?

1200000원 + 500000원 = 1700000원

2 핸드폰과 게임기의 값은 약 얼마인가요?

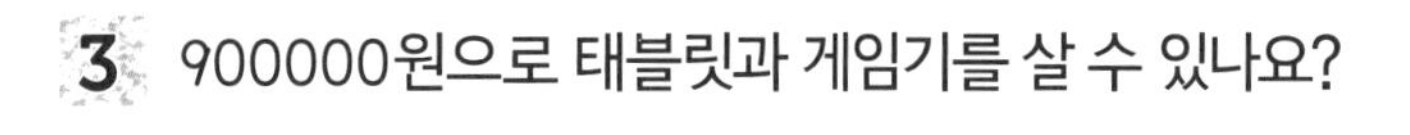

3 900000원으로 태블릿과 게임기를 살 수 있나요?

4 위 네 가지 물건을 모두 사려면 약 얼마가 필요한가요?

1223000원을 반올림하여 1200000원으로, 452000원을 반올림하여 500000원으로 나타낸 다음 더하면 약 1700000원이야.

2 비행기가 런던에서 출발하여 델리, 방콕, 브리즈번을 거쳐 크라이스트처치까지 날아요. 비행기가 나는 거리를 반올림하여 어림해 보세요.

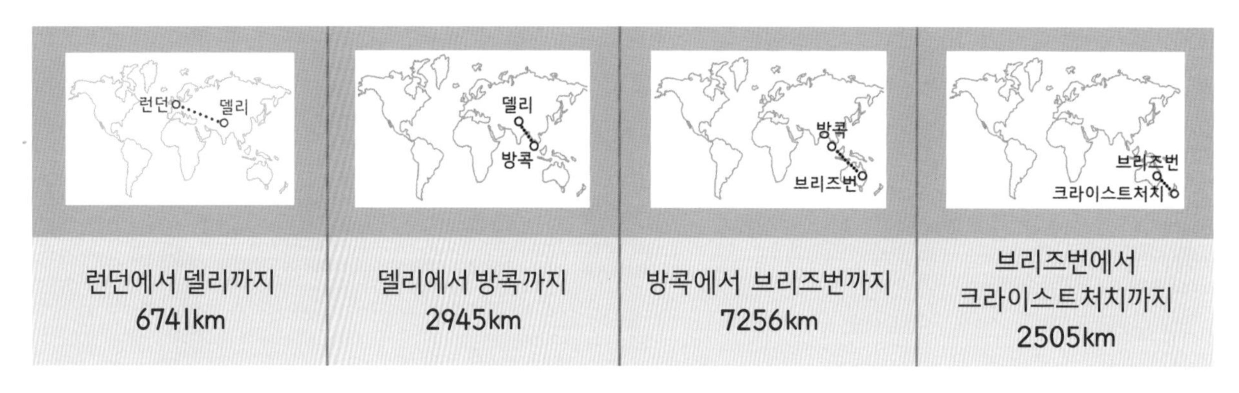

1 델리에서 방콕까지의 거리는 약 얼마인가요? 반올림하여 천의 자리까지 나타내세요.

2 비행기가 브리즈번에 도착했어요. 런던부터 약 얼마나 날았나요? 반올림하여 천의 자리까지 나타낸 다음 계산하세요.

3 델리에서 크라이스트처치까지는 대략 얼마나 날아야 하나요? 반올림하여 천의 자리까지 나타낸 다음 계산하세요.

4 델리에서 방콕까지 나는 거리는 브리즈번에서 크라이스트처치까지 나는 거리보다 대략 얼마나 더 먼가요? 반올림하여 백의 자리까지 나타낸 다음 계산하세요.

3 르로이가 96000원을 가지고 물건을 사요.

사과: 29800원	초콜릿: 8900원	빵: 11000원	연어: 44500원

1 르로이가 사과를 산다면 돈은 약 얼마 남을까요? 반올림하여 만의 자리까지 나타낸 다음 계산하세요.

2 르로이가 네 가지 물건을 모두 살 수 있을지 고민을 해요. 네 가지 물건을 모두 사려면 대략 얼마가 있어야 하나요? 반올림하여 천의 자리까지 나타낸 다음 계산하세요.

3 네 가지 물건을 모두 사면 대략 얼마를 거슬러 받을 수 있나요?

칭찬 스티커를 붙이세요.

체크! 체크!

수를 올바른 자리에서 반올림했나요? ☐

문제를 다 푼 다음, 32쪽으로!

큰 수의 덧셈

1 두 수를 더해 보고 반올림하여 어림한 값과 비교해 보세요.

기억하자!
세로셈을 할 때는 자리를
잘 맞추어야 해요.

1 36148 + 2721 =

	만	천	백	십	일
어림값	3	9	0	0	0
	3	6	1	4	8
+		2	7	2	1
					9

2 1832 + 18043 =

	만	천	백	십	일
어림값					
+					

3 46273 + 3219 =

	만	천	백	십	일
어림값					
+					

4 7368 + 61281 =

	만	천	백	십	일
어림값					
+					

5 76513 + 12882 =

	만	천	백	십	일
어림값					
+					

2 두 수를 더해 보고 반올림하여 어림한 값과 비교해 보세요.

1 27631 + 18286 = [ ]

	만	천	백	십	일
어림값	5	0	0	0	0
			1		
	2	7	6	3	1
+	1	8	2	8	6
				1	7

2 52435 + 11748 = [ ]

	만	천	백	십	일
어림값					
+					

3 19568 + 54714 = [ ]

	만	천	백	십	일
어림값					
+					

3 세 수의 덧셈도 같은 방법으로 해 보세요.

1 321 + 21482 + 4063 = [ ]

	만	천	백	십	일
어림값					
+					

2 5309 + 248 + 42922 = [ ]

	만	천	백	십	일
어림값					
+					

체크! 체크!

어림값과 실제 계산한 값을 비교해 보세요. 비슷한가요? ☐

문제를 다 푼 다음, 32쪽으로!

큰 수의 뺄셈

1 두 수의 차를 구하고 덧셈식을 이용하여 확인해 보세요.

1 27685 − 3473 = ☐

	만	천	백	십	일
	2	7	6	8	5
−		3	4	7	3

식을 바꾸어 계산하기

	만	천	백	십	일
+		3	4	7	3
	2	7	6	8	5

2 59274 − 28051 = ☐

	만	천	백	십	일
−					

식을 바꾸어 계산하기

	만	천	백	십	일
+					

3 63927 − 21382 = ☐

	만	천	백	십	일
−					

식을 바꾸어 계산하기

	만	천	백	십	일
+					

20에서 80을 뺄 수 없을 때에는 백의 자리에서 100을 받아내려 계산하면 돼.

2 두 수의 차를 구하고 반올림하여 어림한 값과 비교해 보세요.

기억하자!
받아내림이 여러 번 있는 뺄셈이에요.

1 12247 − 8128 = [ ]

	만	천	백	십	일
어림값					

				3	10
	1	2	2	~~4~~	7
−		8	1	2	8

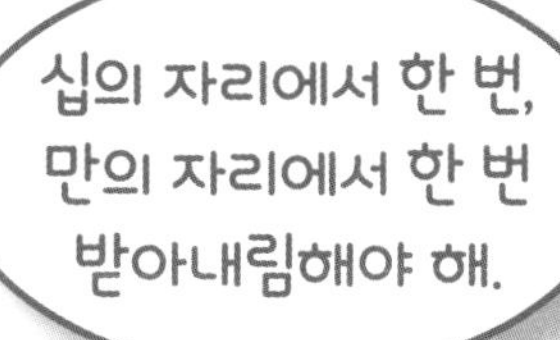

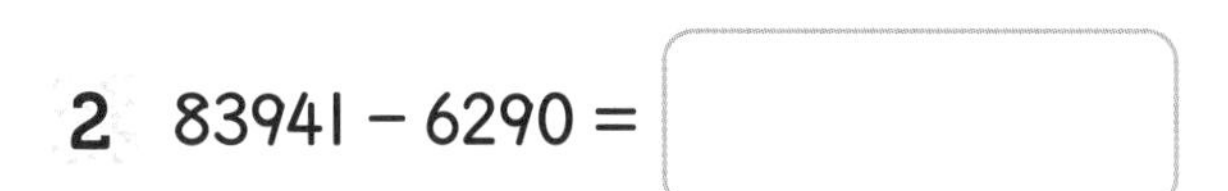

2 83941 − 6290 = [ ]

	만	천	백	십	일
어림값					

−

3 48087 − 31629 = [ ]

	만	천	백	십	일
어림값					

−

3 다음 문제를 풀어 보세요.

아미르는 통장에 21956원이 있었어요. 이 중 18090원을 찾았어요.
아미르의 통장에 남은 돈은 얼마인가요?

______ (원)

체크! 체크!
받아내림을 한 칸 오른쪽 줄로 바르게 했나요?

문제를 다 푼 다음, 32쪽으로!

배수

기억하자!

어떤 수의 몇 배가 되는 수를 배수라고 해요.
16은 2의 8배이면서 8의 2배이므로 16은 2의 배수이면서 8의 배수예요.

1 **1** 4의 배수에 모두 ○표 하세요.

20 26 36 32 48 18 14 24 28 12

2 6의 배수에 모두 ○표 하세요.

18 28 60 8 30 24 40 12 36 48

3 1번, 2번의 수 중 4의 배수이면서 6의 배수인 수를 모두 쓰세요.

______ ______ ______ ______

2 케이크의 초가 8의 배수가 아닌 것을 모두 찾아 /로 지우세요.

3 빈 풍선에 7의 배수, 9의 배수, 12의 배수 스티커를 각각 붙이세요.

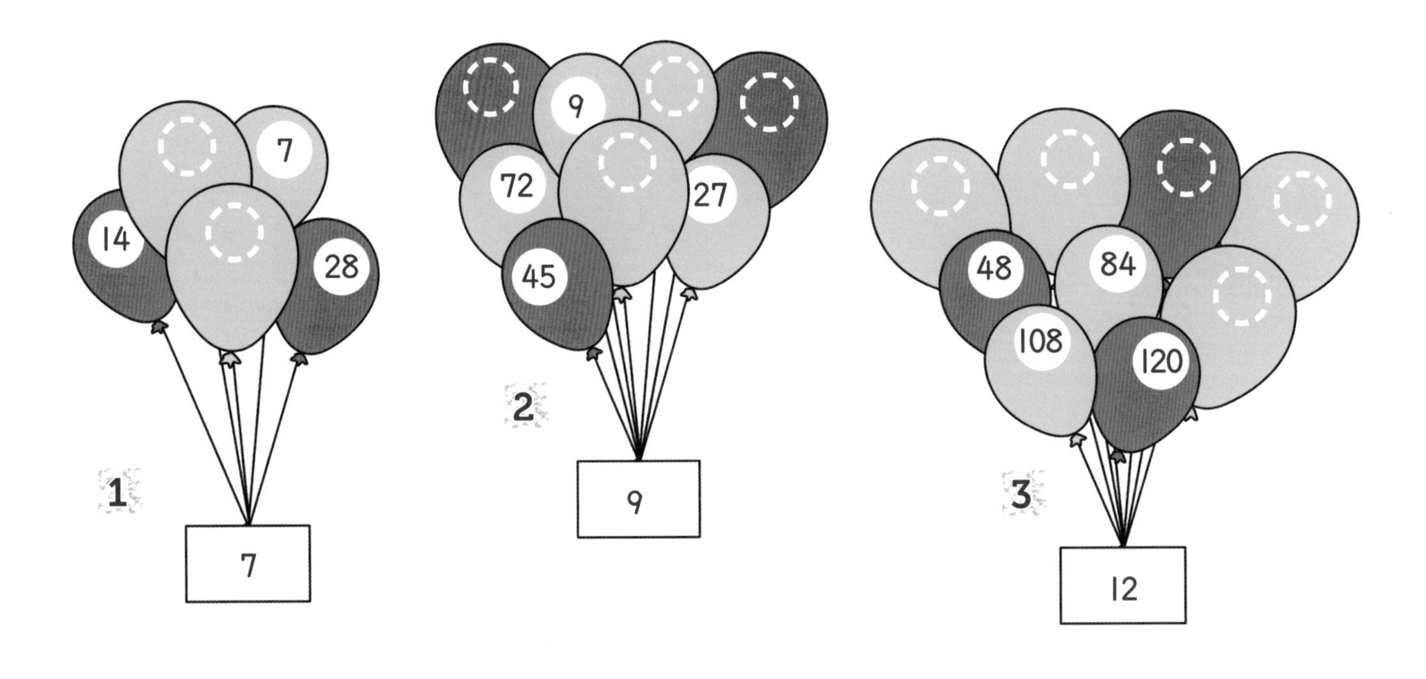

4 곱셈표의 빈칸을 채우세요.

×	3	5	7
1	3	5	
2	6		
3			21
4	12		28
5		25	35
6		30	
7			
8		40	
9	27		
10			70

1 표에서 3과 5의 공배수를 모두 찾아 쓰세요.

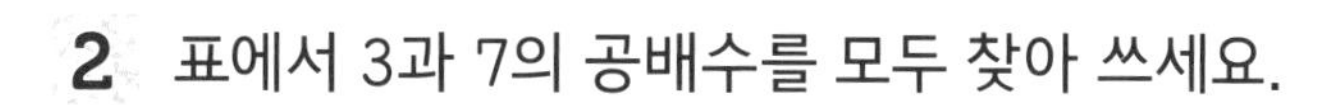

2 표에서 3과 7의 공배수를 모두 찾아 쓰세요.

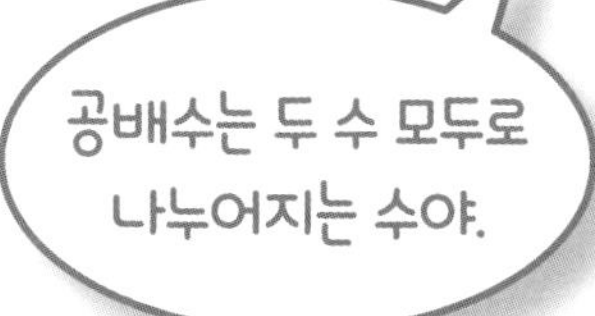

3 크리슈나는 "5와 7의 공배수는 35 하나야."라고 말했어요.
이 말이 참인가요, 거짓인가요? 알맞은 것에 ○표 하세요.

참　　거짓

5 축구 골에 알맞은 스티커를 붙이세요.

1 4의 배수이면서 9의 배수가 아닌 수

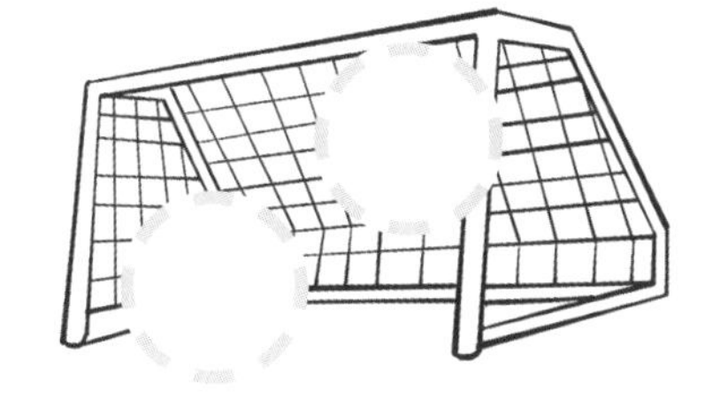

2 4와 9의 공배수

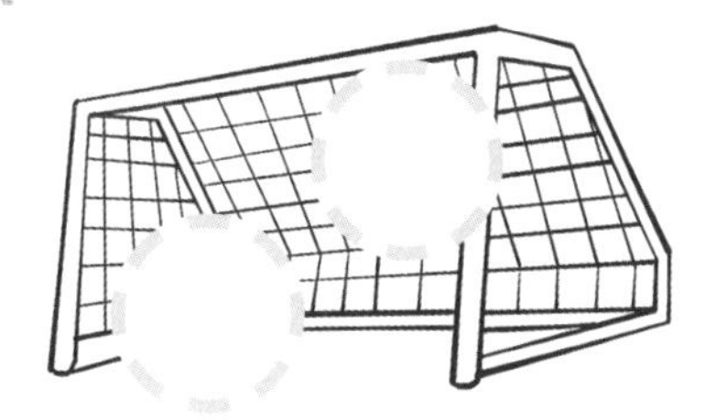

3 9의 배수이면서 4의 배수가 아닌 수

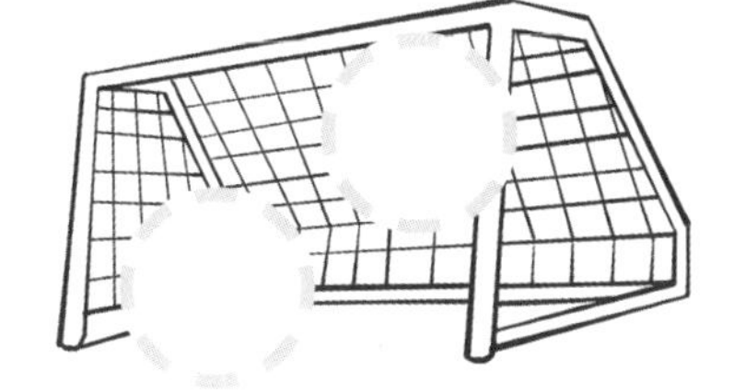

4 4 또는 9의 배수가 아닌 수

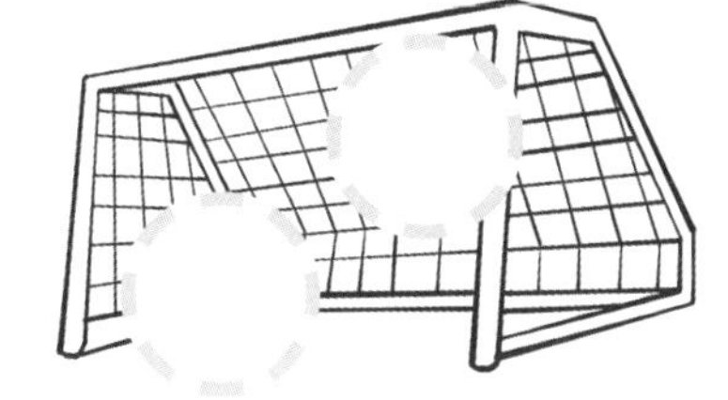

6 다음 문제를 풀어 보세요.

패이스의 몸무게는 50kg보다 적으면서 4의 배수예요. 이런 수 중 가장 큰 수가 패이스의 몸무게라면 패이스의 몸무게는 얼마인가요?

______ kg

체크! 체크!

배수 문제를 풀 때 곱셈을 잘 이용했나요? ☐

약수

기억하자!
약수의 쌍은 배수를 만들기 위해 함께 곱해진 수의 쌍이에요.
3 × 5 = 15에서 3과 5는 15의 약수 쌍이에요.

1 약수를 이용하여 다음 문제를 풀어 보세요.
빈칸에 알맞은 수를 쓰세요.

1 개미가 공 6개로 저글링을 해요.
공에는 18의 약수가 쓰여 있어요.

2 문어가 공 8개로 저글링을 해요.
공에는 24의 약수가 쓰여 있어요.

3 불가사리가 공 5개로 저글링을 해요.
공에는 16의 약수가 쓰여 있어요.

4 게가 공 10개로 저글링을 해요.
공에는 48의 약수가 쓰여 있어요.

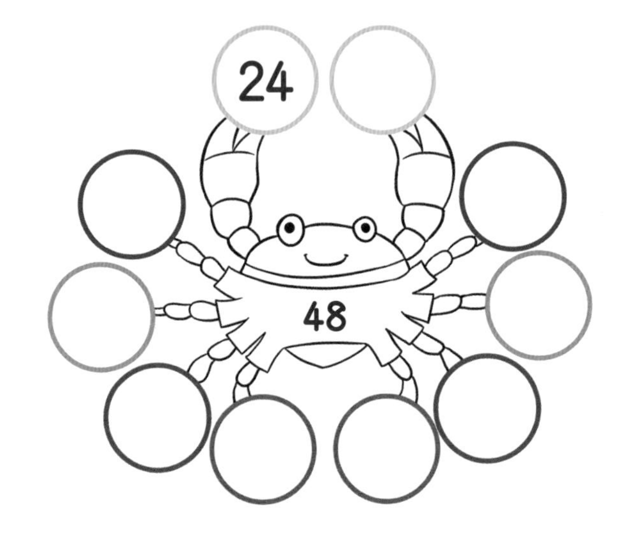

2 60의 약수 쌍을 알맞게 쓰세요.

1	2		4		6
60		20			10

3 38의 약수를 모두 찾아 ○표 하세요.

1　　2　　3　　5　　7　　12　　13　　19　　38

4 **1** 약수의 쌍을 찾아 빈칸에 쓰세요.

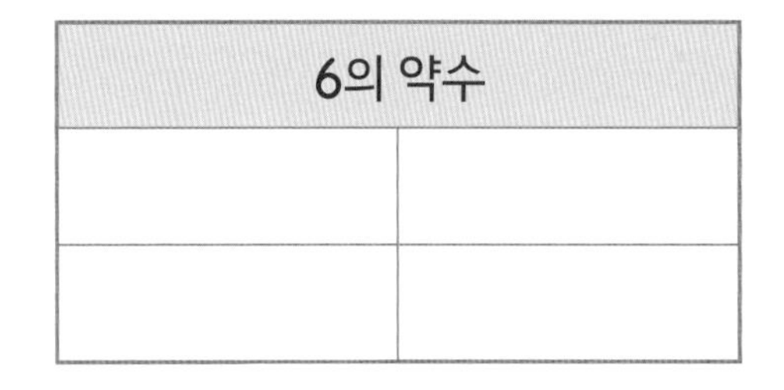

6의 약수	

15의 약수	

2 벤 다이어그램의 빈칸에 알맞은 수를 쓰세요.

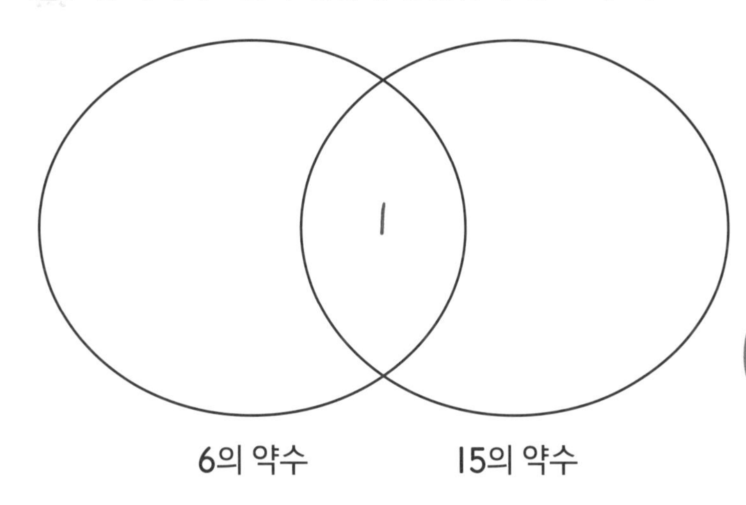

두 원이 겹치는 곳에 있는 수는 6의 약수이면서 15의 약수이기도 해. 이러한 수를 6과 15의 공약수라고 해.

5 다음 벤 다이어그램은 50보다 작은 어떤 두 자리 수의 약수를 나타내고 있어요.

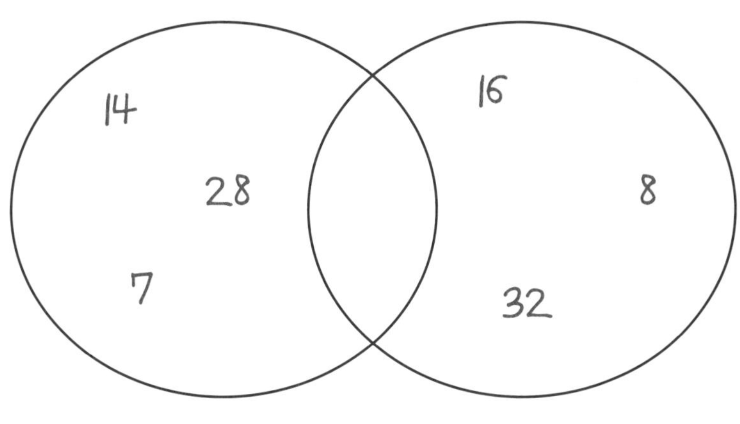

1 각각은 어떤 수의 약수일까요? 빈칸에 알맞은 수를 쓰세요.

2 두 원이 겹치는 곳에 두 수의 공약수를 쓰세요.

☐의 약수　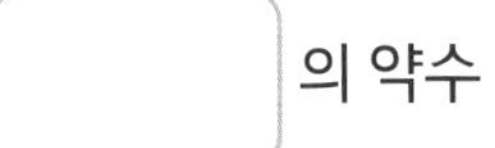☐의 약수

잘했어! →

체크! 체크!
약수의 쌍을 모두 찾았나요? ☐

문제를 다 푼 다음, 32쪽으로!

소수

1 약수를 다음과 같이 두 수의 곱으로 나타내세요.

약수가 1과 자기 자신뿐인 수를 소수라고 해요.

1 4 1×4, 2×2

2 5 ____________________

3 9 ____________________

4 12 ____________________

5 13 ____________________

6 16 ____________________

2 소수를 모두 찾아 비눗방울을 그리세요.

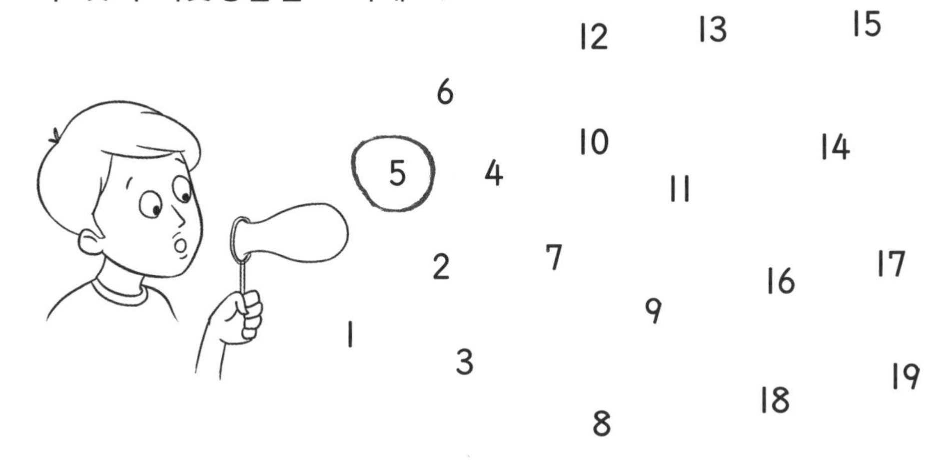

3 다음 문제를 풀어 보세요.

1 10에 가장 가까운 소수와 20에 가장 가까운 소수를 더하면 얼마일까요?

____

2 케리가 "20보다 작은 소수는 모두 홀수야."라고 말했어요. 이 말이 참일까요? 알맞은 것에 ◯표 하세요.

참　　　　거짓

위와 같이 답한 이유를 쓰세요. ____________________

3 알렉스가 "1과 19 사이에는 11개의 합성수가 있어."라고 말했어요. 이 말이 참일까요? 알맞은 것에 ◯표 하세요.

참　　　　거짓

4 소수에 색칠하고 있어요.

1	2	3	4	5	6	7	8	9	10
11	12	13	14	15	16	17	18	19	20
21	22	23	24	25	26	27	28	29	30
31	32	33	34	35	36	37	38	39	40
41	42	43	44	45	46	47	48	49	50
51	52	53	54	55	56	57	58	59	60
61	62	63	64	65	66	67	68	69	70
71	72	73	74	75	76	77	78	79	80
81	82	83	84	85	86	87	88	89	90
91	92	93	94	95	96	97	98	99	100

1 둘째 줄에서 소수를 찾아 색칠하세요.

2 해리슨이 "첫째 줄에는 소수가 4개 있고 둘째 줄에도 소수가 4개 있어. 그러니까 셋째 줄에도 분명 소수가 4개 있을 거야."라고 말했어요. 이 말이 참일까요? 알맞은 것에 ◯표 하세요.

참　　　　　　거짓

3 셋째, 넷째, 다섯째 줄에서 소수를 모두 찾아 색칠하세요. 색칠한 것을 보고 알아낸 것이 있나요?

4 51부터 100까지의 수 중에서 소수를 모두 찾아 색칠하세요. 1부터 100까지의 수 중 소수는 모두 몇 개 있나요?

5 올리비아가 "참 이상하다. 5는 소수인데 5로 끝나는 두 자리 수는 소수가 아니네."라고 말했어요. 왜 그런지 올리비아에게 설명해 주세요.

5 한 자리 수이면서 소수인 두 수를 더했더니 한 자리 수인 소수가 되었어요. 이것을 덧셈식으로 나타내 보세요.

______ + ______ = ______

체크! 체크!

100까지의 수 중 소수를 모두 잘 찾았나요? ☐

문제를 다 푼 다음, 32쪽으로!

제곱수

기억하자!
같은 수를 두 번 곱해서 나온 값을 제곱수라고 해요.

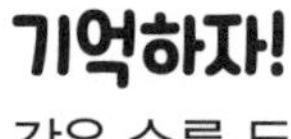

1 다음 표를 완성하세요.

제곱	뜻	제곱수
1^2		
2^2		
4^2	4×4	16
5^2		
8^2		

4의 제곱은 작은 2를 사용하여 수의 오른쪽 위에 4^2 이렇게 나타내.

2 어떤 수의 제곱과 제곱수를 바르게 선으로 이어 보세요.

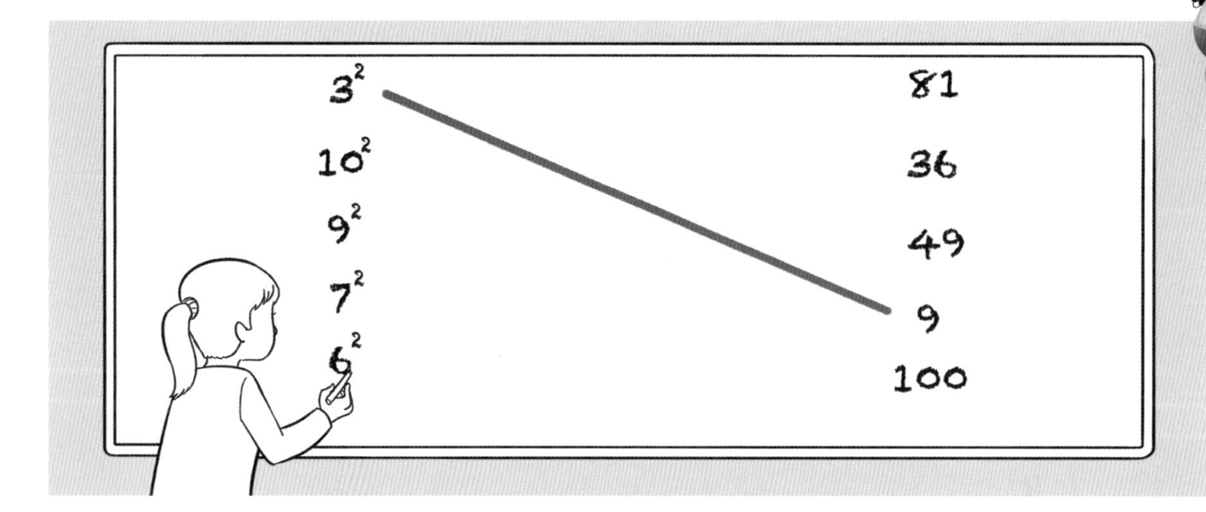

3 다음 식이 참인지, 거짓인지 알아보고 알맞은 스티커를 붙이세요.

1 $3^2 + 4^2 = 5^2$

2 $6^2 + 7^2 = 8^2$

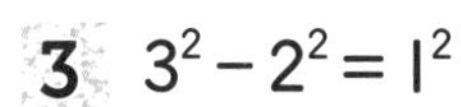

3 $3^2 - 2^2 = 1^2$

4 $10^2 - 8^2 = 6^2$

세제곱수

기억하자!

같은 수를 세 번 곱해서 나온 값을 세제곱수라고 해요.

1 작은 정육면체 블록이 모두 몇 개인지 알맞은 수를 쓰세요.

2×2×2			
세제곱수 8	세제곱수	세제곱수	세제곱수

2 표의 빈칸을 알맞게 채우세요.

세제곱	뜻	세제곱수
6^3		
7^3		343
8^3	8×8×8	
9^3		
10^3		

3 브라켓은 두 자리 수를 생각하고 있어요. 이 수는 제곱수이기도 하고 세제곱수이기도 해요. 이 수는 무엇일까요?

체크! 체크!

같은 수를 세 번 곱하는 대신 3을 곱하지는 않았나요? 

문제를 다 푼 다음, 32쪽으로!

여러 가지 방법으로 곱셈과 나눗셈 하기

1 다음과 같이 수를 구분한 다음 계산해 보세요.

기억하자!
이미 알고 있는 곱셈을 이용해 쉽게 답을 구할 수 있게 수를 구분한 다음 계산하는 방법이에요.

1 78 × 2 = (70×2)+(8×2)=140+16=156

2 35 × 11 = ______

3 25 × 12 = ______

4 46 × 5 = ______

5 57 × 9 = ______

2 보기와 같이 수를 약수 쌍으로 구분한 다음 계산해 보세요.

15를 3과 5로 구분한 다음 5와 8을 먼저 곱했어. 그러면 빠르고 쉽게 답을 알 수 있지.

1
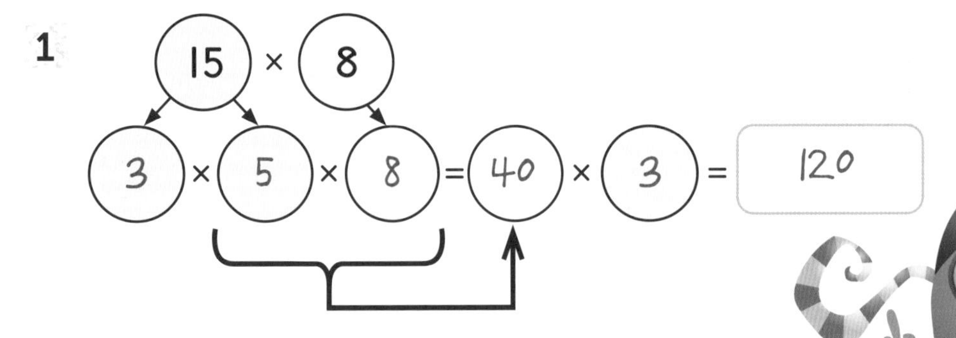

2
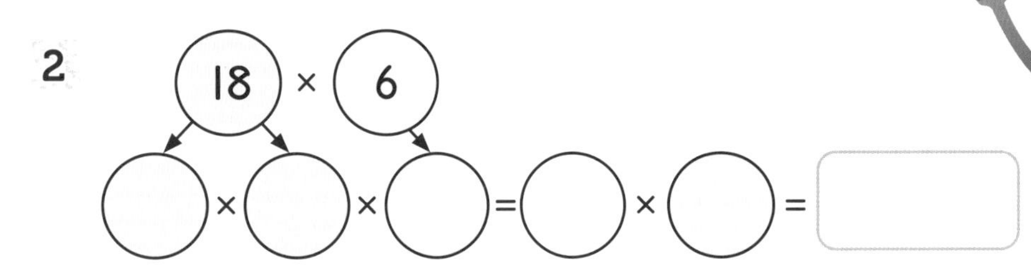

3
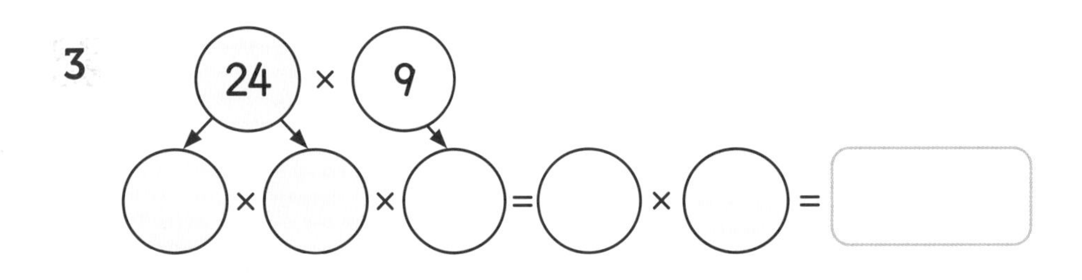

3 2번과 같은 방법으로 계산해 보세요.

1

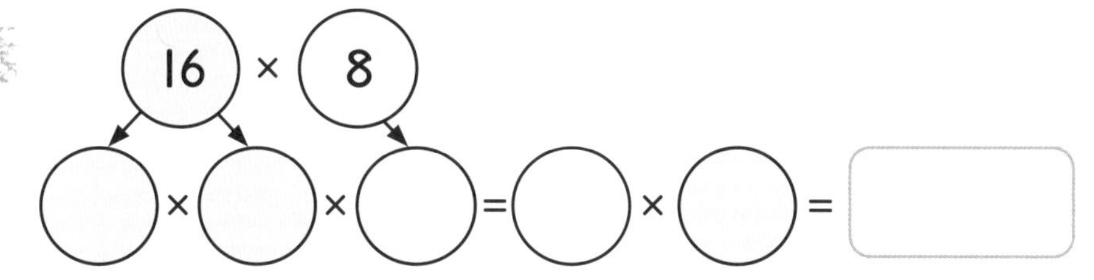

2

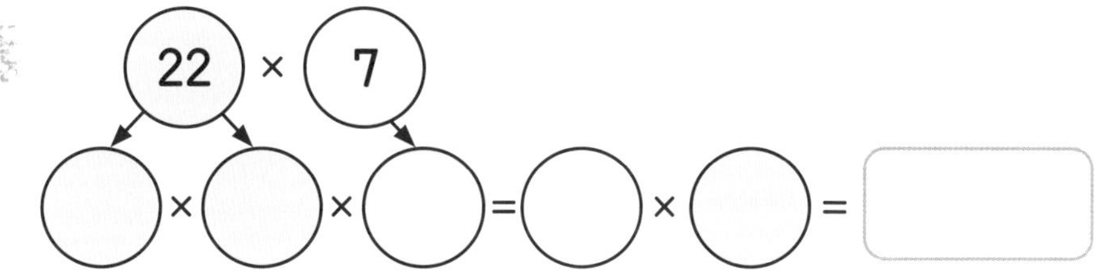

3

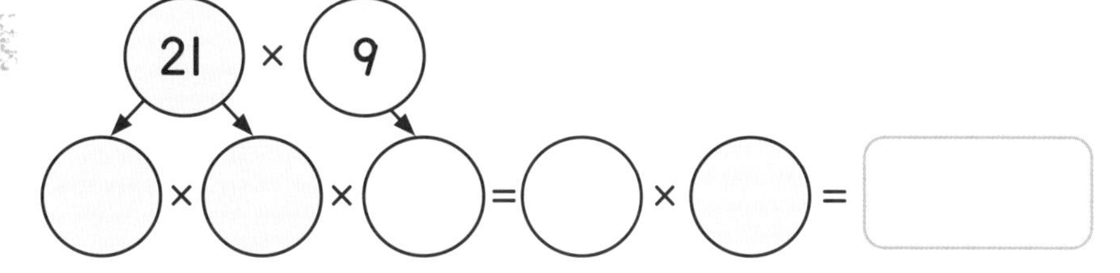

4 이미 알고 있는 사실을 이용해 문제를 풀어 보세요.

1 $360 \div 5 =$ 72

알고 있는 사실: $360 \div 10 = 36$

풀이: $360 \div 5 = 36 \times 2 = 72$

2 $72 \div 3 =$ ______

알고 있는 사실: ______

풀이: ______

3 $88 \div 4 =$ ______

알고 있는 사실: ______

풀이: ______

4 $240 \div 20 =$ ______

알고 있는 사실: ______

풀이: ______

5로 나누는 계산은
10으로 나눈 다음
2배 하는 것이 더 쉬워.

잘했어!

체크! 체크!

이러한 방법을 사용하니 계산이 더 쉬워졌나요? 

문제를 다 푼 다음, 32쪽으로!

10, 100, 1000 곱하기와 나누기

1 식이 참인지, 거짓인지 구별하여 알맞은 곳에 쓰세요.
거짓인 식은 바르게 고쳐 쓰세요.

기억하자!
어떤 수에 10, 100, 1000을 곱하면 0의 개수만큼 자리가 왼쪽으로 이동하고 10, 100, 1000으로 나누면 0의 개수만큼 자리가 오른쪽으로 이동해요.

$640 \times 10 = 6400$　　$1000 \times 250 = 25000$

$567100 = 5671 \times 10$　　$4300 \div 100 = 43$

$704000 = 1000 \times 704$　　$37000 \div 1000 = 37$　　$17500 = 175000 \div 100$

$83000 \div 10 = 8300$　　$100 \times 52 = 520000$　　$91010 \div 10 = 9100$

참	거짓(바르게 고쳐 쓰기)

2 빈칸에 <, > 또는 = 스티커를 알맞게 붙이세요.

1 43×100 ☐ 430×10　　**2** $190 \div 10$ ☐ $19000 \div 100$

3 $25000 \div 10$ ☐ 100×25　　**4** 303×100 ☐ $30300 \div 10$

5 $473000 \div 1000$ ☐ 473×10　　**6** $67 \times 10 \times 100$ ☐ $67000 \div 10 \div 100$

‘<’는 왼쪽이 오른쪽보다 작다, ‘>’는 왼쪽이 오른쪽보다 크다는 뜻이야.

3 수의 자리를 나타낸 표를 이용하여 다음 계산을 하세요.

기억하자!
소수점의 위치는 그대로 두고 수의 자리를 왼쪽이나 오른쪽으로 이동시키세요.

1 $491.25 \times 10 =$ 4912.5

2 $3093.7 \div 100 =$ ____

3 $10.736 \times 1000 =$ ____

4 $290.5 \div 10 =$ ____

5 $1907.491 \times 100 =$ ____

6 $50048 \div 1000 =$ ____

	십만	만	천	백	십	일	.	$\frac{1}{10}$	$\frac{1}{100}$	$\frac{1}{1000}$
1				4	9	1	.	2	5	
			4	9	1	2	.	5		
2										
3										
4										
5										
6										

자리를 표시하고 있는 0도 잊지 말고 이동시켜야 돼.

칭찬 스티커를 붙이세요.

체크! 체크!
곱했을 때는 자리를 왼쪽으로, 나누었을 때는 자리를 오른쪽으로 이동했나요? □

문제를 다 푼 다음, 32쪽으로!

곱셈 (1)

1 다음 계산을 해 보고 반올림한 다음 어림하여 계산한 값과 비교해 보세요.

기억하자!
먼저 두 자리 수를 반올림한 다음 계산해 보세요.

1 $23 \times 3 =$ 69

	천	백	십	일
어림값			6	0

	천	백	십	일
			2	3
×				3
			6	9

2 $212 \times 4 =$

	천	백	십	일
어림값				
×				

3 $28 \times 3 =$

	천	백	십	일
어림값				
			2	
			2	8
×				3
				4

4 $141 \times 4 =$

	천	백	십	일
어림값				
×				

5 $1310 \times 6 =$

	천	백	십	일
어림값				
×				

2 다음 계산을 해 보고 어림한 값과 비교해 보세요.

기억하자!
일의 자리에서 올림이 있을 때는 올린 숫자를 십의 자리 숫자 위에 쓰세요.

1 54 × 6 = 324

	천	백	십	일
어림값		3	0	0
		3	2	
			5	4
×				6
		3	2	4

2 183 × 4 =

	천	백	십	일
어림값				
×				

3 1271 × 5 =

	천	백	십	일
어림값				
×				

4 3412 × 4 =

	만	천	백	십	일
어림값					
×					

5 6131 × 6 =

	만	천	백	십	일
어림값					
×					

6 8142 × 7 =

	만	천	백	십	일
어림값					
×					

체크! 체크!
어림하여 계산한 값이 실제 계산한 값과 비슷한가요? ☐

문제를 다 푼 다음, 32쪽으로!

곱셈 (2)

기억하자!
먼저 두 수를 반올림하여 나타낸 다음 계산해 보세요.

1 다음 계산을 해 보고 어림한 값과 비교해 보세요.

1 24 × 13 = 312

	천	백	십	일
어림값		2	0	0

$$\begin{array}{r} 24 \\ \times\ 13 \\ \hline 72 \\ 240 \\ \hline 312 \end{array}$$

10을 곱할 때 맨 끝에 자리를 표시하기 위해 0을 사용해.

2 32 × 17 =

	천	백	십	일
어림값				

$$\begin{array}{r} 32 \\ \times\ 17 \\ \hline 224 \\ 32\ \ \\ \hline \end{array}$$

3 62 × 34 =

	천	백	십	일
어림값				

×

4 314 × 31 =

	천	백	십	일
어림값				

×

5 123 × 15 =

	천	백	십	일
어림값				

×

6 247 × 23 =

	천	백	십	일
어림값				

×

2 다음 계산을 해 보고 어림한 값과 비교해 보세요.

기억하자!
계산이 복잡해질수록 글씨를 깔끔하게 쓰면 알아보기 쉬워요.

1 1243 × 14 = 17402

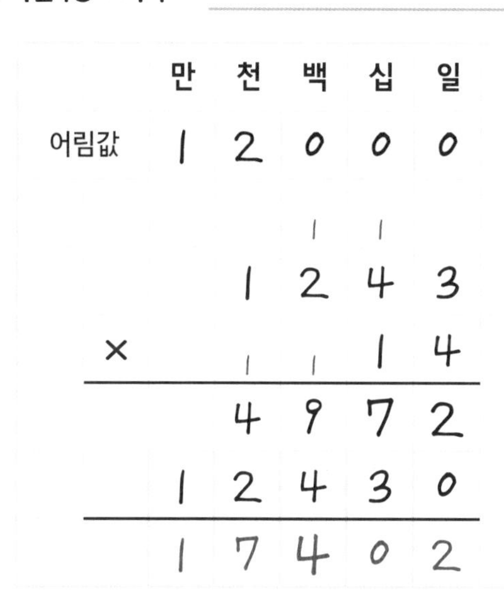

2 2154 × 23 = ______

	만	천	백	십	일
어림값					
		2	1	5	4
×				2	3
		6	4	6	2
	4	3	0	8	

3 3253 × 27 = ______

	만	천	백	십	일
어림값					
×					

4 4309 × 36 = ______

	십만	만	천	백	십	일
어림값						
×						

십만의 자리를 표시하기 위해 줄이 하나 더 필요해.

체크! 체크!
10을 곱할 때 자리를 표시하기 위한 0을 잊지 않고 썼나요? 

문제를 다 푼 다음, 32쪽으로!

나눗셈

기억하자!

나누어지는 수의 왼쪽 자리부터 시작해 오른쪽 자리로 옮겨 가며 몫을 생각해 보세요.

1 다음 나눗셈을 해 보세요.

1 496 ÷ 4 = 124

$$\begin{array}{r} 124 \\ 4\overline{)496} \\ \underline{4} \\ 9 \\ \underline{8} \\ 16 \\ \underline{16} \\ 0 \end{array}$$

2 219 ÷ 3 = ______

$$\begin{array}{r} 7\square \\ 3\overline{)219} \end{array}$$

3 8478 ÷ 6 = ______

4 2650 ÷ 5 = ______

2 빈칸에 <, > 또는 =를 알맞게 쓰세요.

1 924 ÷ 7 ☐ 992 ÷ 8

2 7182 ÷ 6 ☐ 5208 ÷ 4

3 나눗셈을 완성하세요.

1

2 3 □

□) 1 3 □ 6

1

2

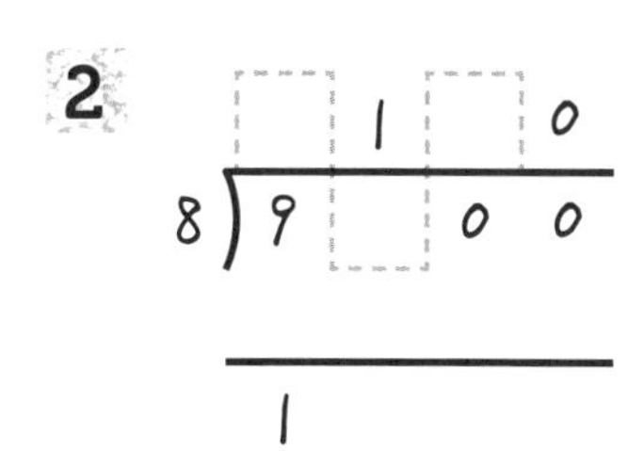

4 다음 문제를 풀어 보세요.

1 수지는 구슬 7125개를 가지고 있어요. 이것을 5명의 친구들과 똑같이 나누어 가졌어요. 한 친구에게 몇 개씩 주었나요?

______________ 개

2 가레스는 런던에서 모스크바까지 자동차 경주를 해요. 전체 거리는 2862km이고 이 거리를 9개의 코스로 나누어 달리고 있어요.

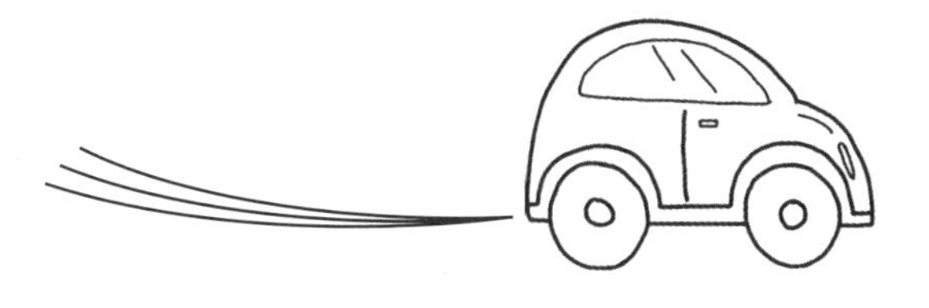

한 코스는 318km예요. 이 말이 참인가요? ______________

문제를 다 푼 다음, 32쪽으로!

나머지가 있는 나눗셈

기억하자!

어떤 수는 나누어떨어지지 않아요. 이때 남는 수를 나머지라고 해요.

1 다음과 같이 나눗셈을 하세요.

1 $49 \div 4 =$ 12 ⋯ 1

$$\begin{array}{r} 12 \cdots 1 \\ 4 \overline{)\,49} \end{array}$$

2 $938 \div 3 =$ ______

$$\begin{array}{r} 31\square\square\square \\ 3 \overline{)\,938} \end{array}$$

3 $759 \div 5 =$ ______

4 $743 \div 7 =$ ______

5 $2469 \div 6 =$ ______

6 $3619 \div 9 =$ ______

체크! 체크!

나머지를 올바르게 표시했나요? ☐

2 두 식을 계산해 보고 <, > 또는 =를 알맞게 쓰세요.

1 $6543 \div 6$ ☐ $4323 \div 4$

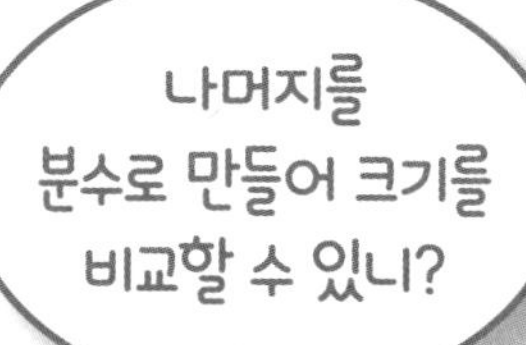

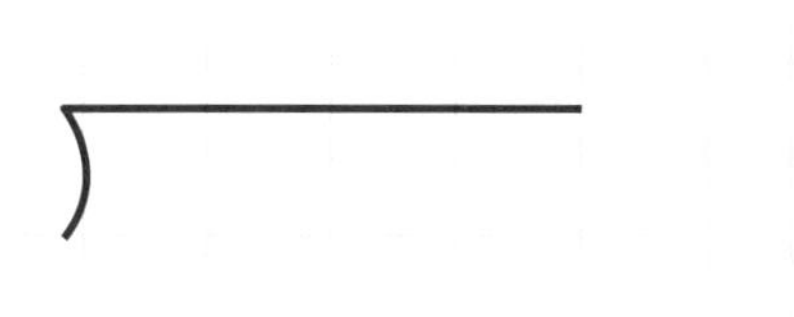

2 $3695 \div 3$ ☐ $8625 \div 7$

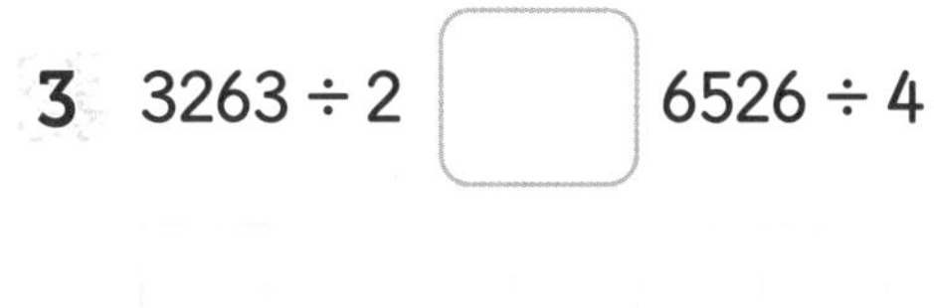

3 $3263 \div 2$ ☐ $6526 \div 4$

3 다음 문제를 풀어 보세요.

농장에서 암탉이 매일
3615개의 알을 낳아요.
이 알을 한 상자에 6개씩
포장해요. 상자는 몇 개
필요한가요?

__________ 개

혼합 문제

이 책에서 연습한 여러 가지 방법으로 덧셈, 뺄셈, 곱셈, 나눗셈을 해 보세요.

1 참인지, 거짓인지 알맞은 스티커를 붙이세요.

1 모든 홀수는 소수(약수가 1과 자기 자신뿐인 수)예요.

[ ]

2 13은 제곱수 두 개의 합이에요.

[ ]

3 30은 5와 7의 공배수예요.

[ ]

4 74를 6으로 나누면 몫이 12이고 나머지가 2예요.

[ ]

2 빈칸을 알맞게 채우세요.

1 $\square.5 \times 1000 = 7\square00$

2 $6091 \div \square 00 = 6\square.91$

3 다음 빈칸에 <, > 또는 =를 알맞게 쓰세요.

$27263 - 3327 \;\square\; 21609 + 3327$

4 숫자 카드를 한 번씩 사용하여 몫이 10과 20 사이의 수이고 나머지가 없는 식을 만드세요.

3 8 4 ➡ $\square\square \div \square = \square$

5 다음 문제를 풀어 보세요.

기억하자!
덧셈, 뺄셈, 곱셈, 나눗셈 중 어떤 것을 사용할지 결정해요. 이 중 두 개를 사용해야 할 때도 있을 거예요.

1 가레스는 집에 페인트를 칠해요. 파란색 페인트는 2.5L짜리 6통, 노란색 페인트는 1.25L짜리 3통, 하얀색 페인트는 0.75L짜리 10통을 사용했어요. 집을 칠하는 데 페인트는 얼마나 사용했나요? mL로 나타내세요.

2 설탕 100g이 있어요. 하루에 4.33g씩 23일 동안 썼어요. 남은 설탕은 얼마인가요?

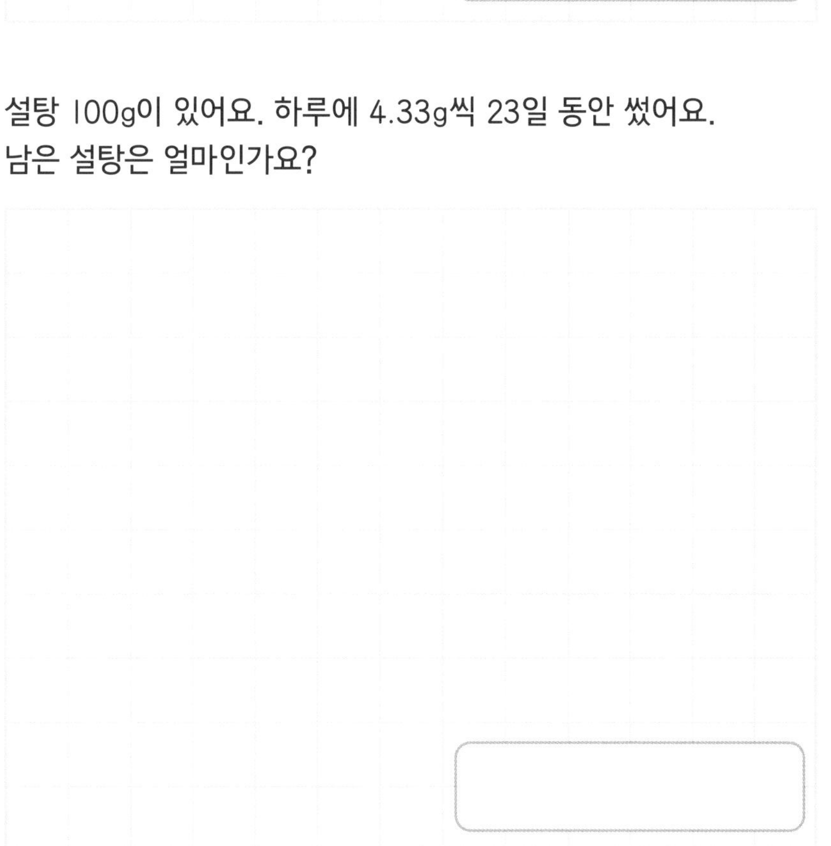

체크! 체크!
답을 쓸 때 단위도 올바르게 썼나요? ☐

문제를 다 푼 다음, 32쪽으로!

나의 실력 점검표

얼굴에 색칠하세요.

잘할 수 있어요.
할 수 있지만 연습이 더 필요해요.
아직은 어려워요.

쪽	나의 실력은?	스스로 점검해요!
2~3	암산으로 점점 더 큰 수의 덧셈과 뺄셈을 할 수 있어요.	
4~5	반올림하여 어림할 수 있어요.	
6~7	네 자리 수 이상 큰 수의 덧셈을 할 수 있어요.	
8~9	네 자리 수 이상 큰 수의 뺄셈을 할 수 있어요.	
10~11	배수와 공배수를 알아요.	
12~13	약수, 약수의 쌍, 공약수를 알아요.	
14~15	100까지의 수 중 소수를 찾을 수 있고, 소수와 합성수를 구별할 수 있어요.	
16~17	제곱수를 알고 사용할 수 있으며 제곱의 표기법을 알아요. 세제곱수를 알고 사용할 수 있으며 세제곱의 표기법을 알아요.	
18~19	여러 가지 방법으로 곱셈과 나눗셈을 할 수 있어요.	
20~21	10, 100, 1000을 곱하거나 10, 100, 1000으로 나눌 수 있어요.	
22~23	올림이 있는 곱셈을 할 수 있어요.	
24~25	올림이 있는 곱셈을 할 수 있어요.	
26~27	내림이 있는 나눗셈을 할 수 있어요.	
28~29	나머지가 있는 나눗셈을 할 수 있어요.	
30~31	덧셈, 뺄셈, 곱셈, 나눗셈을 이용하여 문제를 해결할 수 있어요.	

정답

2~3쪽

1-2. 9978 **1-3.** 10878 **1-4.** 19878
1-5. 9928 **1-6.** 12878
2-1. 3988 **2-2.** 19950 **2-3.** 60393
2-4. 221930 **2-5.** 157425 **2-6.** 799500
2-7. 697700 **2-8.** 579900
3-1. 7320 → 7820 → 6400 → 18400→ 18360
3-2. 49912 → 39012 → 39720 → 36120 → 156120
3-3. 382091 → 382181 → 132181 → 128081 → 208081
4-1. 7271 **4-2.** 5006 **4-3.** 89090
4-4. 648400 **4-5.** 99100 **4-6.** 799000

4~5쪽

1 -2. 900000 + 400000 = 1300000(원)
1-3. 500000 + 400000 = 900000(원), 살 수 있어요.
1-4. 1200000 + 900000 + 500000 + 400000
= 3000000(원)
2-1. 3000km
2-2. 7000 + 3000 + 7000 = 17000(km)
2-3. 3000 + 7000 + 3000 = 13000(km)
2-4. 2900 − 2500 = 400(km)
3-1. 100000 − 30000 = 70000(원)
3-2. 30000 + 9000 + 11000 + 45000 = 95000(원)
3-3. 1000원

6~7쪽

1-1. 36148 + 2721 = 38869
1-2. 어림값 20000, 1832 + 18043 = 19875
1-3. 어림값 49000, 46273 + 3219 = 49492
1-4. 어림값 68000, 7368 + 61281 = 68649
1-5. 어림값 90000, 76513 + 12882 = 89395
2-1. 27631 + 18286 = 45917
2-2. 어림값 60000, 52435 + 11748 = 64183
2-3. 어림값 70000, 19568 + 54714 = 74282
3-1. 어림값 25000, 321 + 21482 + 4063 = 25866
3-2. 어림값 48000, 5309 + 248 + 42922 = 48479

8~9쪽

1-1. 24212 **1-2.** 31223 **1-3.** 42545
2-1. 어림값 4000, 12247 − 8128 = 4119
2-2. 어림값 78000, 83941 − 6290 = 77651
2-3. 어림값 16000, 48087 − 31629 = 16458
3. 21956 − 18090 = 3866(원)

10~11쪽

1-1. 20, 36, 32, 48, 24, 28, 12
1-2. 18, 60, 30, 24, 12, 36, 48
1-3. 12, 24, 36, 48
2. 36, 52, 68
3-1. 21, 35 **3-2.** 18, 36, 54, 63
3-3. 36, 60, 72, 96, 132
4. (×3줄) 9, 15, 18, 21, 24, 30
(×5줄) 10, 15, 20, 35, 45, 50
(×7줄) 7, 14, 42, 49, 56, 63
4-1. 15, 30, 45 **4-2.** 21, 42, 63
4-3. 거짓(70도 5와 7의 공배수예요.)
5-1. 16, 32 **5-2.** 36, 72
5-3. 18, 99 **5-4.** 25, 46
6. 48

12~13쪽

1-1. 1 × 18, 2 × 9, 3 × 6
1-2. 1 × 24, 2 × 12, 3 × 8, 4 × 6
1-3. 1 × 16, 2 × 8, 4 × 4
1-4. 1 × 48, 2 × 24, 3 × 16, 4 × 12, 6 × 8
2. (2, **30**), (**3**, 20), (4, **15**), (**5**, **12**)
3. 1, 2, 19, 38
4-1. 6의 약수 (1, 6), (2, 3) / 15의 약수 (1, 15), (3, 5)
4-2.

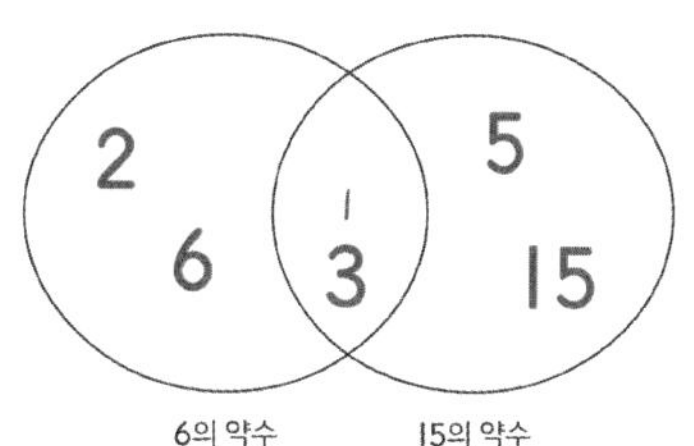

5-1. 28, 32 **5-2.** 1, 2, 4

14~15쪽

1-2. 1 × 5 **1-3.** 1 × 9, 3 × 3
1-4. 1 × 12, 2 × 6, 3 × 4 **1-5.** 1 × 13
1-6. 1 × 16, 2 × 8, 4 × 4
2. 2, 3, 5, 7, 11, 13, 17, 19
3-1. 11 + 19 = 30
3-2. 거짓, 2는 소수이지만 짝수예요.
3-3. 거짓
4-1. 11, 13, 17, 19 **4-2.** 거짓
4-3. 23, 29, 31, 37, 41, 43, 47
2를 제외하고 모두 홀수예요.
4-4. 53, 59, 61, 67, 71, 73, 79, 83, 89, 97
25개
4-5. 5로 끝나는 모든 두 자리 수는 1과 그 자신뿐만
아니라 5를 약수로 가지므로 소수가 아니에요.
5. 2 + 3 = 5 또는 2 + 5 =7

16쪽

1. 1 × 1 = 1, 2 × 2 = 4, 5 × 5 = 25, 8 × 8 = 64

2. $10^2 = 100$, $9^2 = 81$, $7^2 = 49$, $6^2 = 36$

3-1. 참 **3-2.** 거짓 **3-3.** 거짓 **3-4.** 참

17쪽

1. 3 × 3 × 3 = 27, 4 × 4 × 4 = 64,
5 × 5 × 5 = 125

2. 6 × 6 × 6 = 216, 7 × 7 × 7 = 343,
8 × 8 × 8 = 512, 9 × 9 × 9 = 729,
10 × 10 × 10 = 1000

3. 8 × 8 = 4 × 4 × 4 = 64

18~19쪽

1-2. 예) 35 × 11 = (35 × 10) + (35 × 1) = 350 + 35 = 385

1-3. 예) 25 × 12 = (25 × 10) + (25 × 2) = 250 + 50 = 300

1-4. 예) 46 × 5 = (46 × 10) ÷ 2 = 230

1-5. 예) 57 × 9 = (57 × 10) − (57 × 1) = 570 − 57 = 513

2-2. 예) 18 × 6 = 2 × 9 × 6 = 54 × 2 = 108

2-3. 예) 24 × 9 = 3 × 8 × 9 = 72 × 3 = 216

3-1. 예) 16 × 8 = 2 × 8 × 8 = 64 × 2 = 128

3-2. 예) 22 × 7 = 2 × 11 × 7 = 77 × 2 = 154

3-3. 예) 21 × 9 = 3 × 7 × 9 = 63 × 3 = 189

4-2. 예) 24, 72 ÷ 9 = 8, 72 ÷ 3 = 8 × 3 = 24

4-3. 예) 22, 88 ÷ 8 = 11, 88 ÷ 4 = 11 × 2 = 22

4-4. 예) 12, 240 ÷ 10 = 24, 240 ÷ 20 = 24 ÷ 2 = 12

20~21쪽

1. 참: 640 × 10 = 6400, 4300 ÷ 100 = 43,
704000 = 1000 × 704, 37000 ÷ 1000 = 37,
83000 ÷ 10 = 8300
거짓인 식 바르게 고쳐 쓰기:
1000 × 250 = **250000**, 567100 = 5671 × **100**,
17500 = 175000 ÷ **10**, 100 × 52 = **5200**,
91010 ÷ 10 = **9101**

2-1. = **2-2.** < **2-3.** =

2-4. > **2-5.** < **2-6.** >

3-2. 30.937 **3-3.** 10736 **3-4.** 29.05

3-5. 190749.1 **3-6.** 50.048

22~23쪽

1-2. 어림값 800, 212 × 4 = 848

1-3. 어림값 90, 28 × 3 = 84

1-4. 어림값 400, 141 × 4 = 564

1-5. 어림값 6000, 1310 × 6 = 7860

2-2. 어림값 800, 183 × 4 = 732

2-3. 어림값 5000, 1271 × 5 = 6355

2-4. 어림값 12000, 3412 × 4 = 13648

2-5. 어림값 36000, 6131 × 6 = 36786

2-6. 어림값 56000, 8142 × 7 = 56994

* 어림값은 다를 수 있어요.

24~25쪽

1-2. 어림값 600, 32 × 17 = 544

1-3. 어림값 1800, 62 × 34 = 2108

1-4. 어림값 9000, 314 × 31 = 9734

1-5. 어림값 2000, 123 × 15 = 1845

1-6. 어림값 4000, 247 × 23 = 5681

2-2. 어림값 44000, 2154 × 23 = 49542

2-3. 어림값 99000, 3253 × 27 = 87831

2-4. 어림값 172000, 4309 × 36 = 155124

* 어림값은 다를 수 있어요.

26~27쪽

1-2. 73 **1-3.** 1413 **1-4.** 530

2-1. 924 ÷ 7 = 132, 992 ÷ 8 = 124, 132 > 124

2-2. 7182 ÷ 6 = 1197, 5208 ÷ 4 = 1302, 1197 < 1302

3-1. 1386 ÷ 6 = 231 **3-2.** 9200 ÷ 8 = 1150

4-1. 7125 ÷ 5 = 1425(개)

4-2. 2862 ÷ 9 = 318(km), 참

28~29쪽

1-2. 938 ÷ 3 = 312 ··· 2 **1-3.** 759 ÷ 5 = 151 ··· 4

1-4. 743 ÷ 7 = 106 ··· 1 **1-5.** 2469 ÷ 6 = 411 ··· 3

1-6. 3619 ÷ 9 = 402 ··· 1

2-1. 6543 ÷ 6 = 1090 ··· 3, 4323 ÷ 4 = 1080 ··· 3
6543 ÷ 6 > 4323 ÷ 4

2-2. 3695 ÷ 3 = 1231 ··· 2, 8625 ÷ 7 = 1232 ··· 1
3695 ÷ 3 < 8625 ÷ 7

2-3. 3263 ÷ 2 = 1631 ··· 1 (= $1631\frac{1}{2}$)
6526 ÷ 4 = 1631 ··· 2 (= $1631\frac{2}{4}$)
3263 ÷ 2 = 6526 ÷ 4

3. 3615 ÷ 6 = 602 ··· 3, 상자는 603개 필요해요.

30~31쪽

1-1. 거짓 **1-2.** 참 **1-3.** 거짓 **1-4.** 참

2-1. 7.5 × 1000 = 7500

2-2. 6091 ÷ 100 = 60.91

3. 27263 − 3327 = 23936, 21609 + 3327 = 24936
23936 < 24936

4. 48 ÷ 3 = 16

5-1. 2500 × 6 = 15000
1250 × 3 = 3750
750 × 10 = 7500
15000 + 3750 + 7500= 26250(mL)

5-2. 4.33 × 23 = 99.59
100 − 99.59 = 0.41(g)

정리 노트

런런 옥스퍼드 수학

6-2 덧셈, 뺄셈, 나눗셈, 곱셈

초판 1쇄 발행 2022년 12월 6일
글·그림 옥스퍼드 대학교 출판부 **옮김** 상상오름
발행인 이재진 **편집장** 안경숙 **편집 관리** 윤정원 **편집 및 디자인** 상상오름
마케팅 정지운, 김미정, 신희용, 박현아, 박소현 **국제업무** 장민경, 오지나 **제작** 신홍섭
펴낸곳 (주)웅진씽크빅
주소 경기도 파주시 회동길 20 (우)10881
문의 031)956-7403(편집), 02)3670-1191, 031)956-7065, 7069(마케팅)
홈페이지 www.wjjunior.co.kr **블로그** wj_junior.blog.me **페이스북** facebook.com/wjbook
트위터 @wjbooks **인스타그램** @woongjin_junior
출판신고 1980년 3월 29일 제406-2007-00046호
원제 PROGRESS WITH OXFORD: MATH

ISBN 978-89-01-26543-8
ISBN 978-89-01-26510-0 (세트)